走在
時代尖端
的

創意

林寶瓊
・
林玠瑜

合著

髮飾

中式新娘
……與……
日本花魁
……的……
嶄新風貌

自序
·林寶瓊·

中國古代女子出嫁，女子頭上配戴鳳冠身披霞帔，鳳冠蓋上紅布蓋頭；男子迎親方式，鳴炮奏樂、吹奏嗩吶、大紅花轎迎親。代表中華文化喜氣的大紅色，傳統式的紅色霞披、新郎紅色的長袍馬褂、迎親的大紅花轎，隨著時代變遷愈來愈落寞。新婚色彩顛覆了傳統，新娘新婚造型也做了不同的改變。

大喜之日，每個新娘都想成為眾所矚目的焦點。現代新娘對新婚造型也有獨特看法和要求。現代的造型、仿古的裝扮，專屬自己的鳳冠，讓自己成為一位與眾不同獨占鰲頭的新娘，必定讓人留下深刻的印象。本創作為新婚的新娘設計專屬自己的仿古新娘造型，配戴仿古造型的現代鳳冠，讓新婚的新娘穿越古今，在婚禮的現場，必能成為眾所矚目的焦點，為自己留下永生難忘的回憶，也為新婚增添紀念意義，成為別人口中的話題。

而吉原遊廓（よしわらゆうかく）是江戶幕府公認的遊廓，是日本的第一花街。吉原每年都會在一個特定的日子，舉行花魁遊街。花魁每一次出行，都引起無數人爭相觀看，她們的服飾妝容，更是江戶時尚的引導者。花魁出行時，梳著名為「伊達兵庫（だてひょうご）」的髮型，頭上插滿琳瑯滿目的各式髮簪，身上穿著極其豔麗的振袖和服，踩著三枚齒下駄的高腳木屐，踏著搖曳生姿的「花魁步」，一群人浩浩蕩蕩來到「揚屋」與客人見面。花魁平日足不出戶，渴望欣賞

花魁美貌的人們心癢難耐，「花魁道中（おいらんどうちう）」便成了平民看見花魁的唯一途徑，這個過程總是引起人們爭相觀看，熱鬧非凡。

現今「花魁」和「花魁道中」，只作為一種文化和表演形式，在世人面前出現。在觀光熱潮中，現代花魁成了畢生最佳而難忘的體驗，穿上華麗的和服，雍容華貴的立兵庫（たてひょうご）髮型和琳瑯滿目的髮簪，豔麗無比的花魁妝容，腳踏又高又重的三枚齒下駄（さんまいばげた）高腳木屐，引人無限遐想的畫面，讓人趨之若鶩。

利用複合媒材製作花魁髮飾，結合傳統與現代，融入不同的創作思維，賦予現代花魁新生命。顛覆傳統既有的印象，將不同優勢的媒材，以一種逆向思考模式，使用不同的技法，軟中帶硬、硬中帶軟，堅硬中有柔和的線條，柔軟中有堅挺的支撐。既衝突又相融，激發剛柔並進的進行曲，在絢麗光彩燈光閃爍下，成為眾所矚目的焦點。現在日本雖然不再有花魁，但花魁的形象，依然影響現今日本文化。正因這樣的一種交織，吸引作者選擇探討日本花魁文化及花魁髮飾的製作，作為此書創作主題。

本書能順利出版，感謝秀威資訊科技股份有限公司出版部鼎力支持，更感謝品君、玟妤、春澕三位模特兒展示協助，為本書做最佳的示範。

綜觀古今，以中國鳳冠及日本花魁為創作主題的書，少之又少。今與好友玠瑜共同創作編撰，集結我們的創作思維編撰成書，期待此書對生活美學有顯著的幫助與貢獻，更期待提供未來更多的創作者做為參考，而校園裡的莘莘學子，更能將此書奉為瑰寶，得到更多創作靈感。掛一漏萬實所難免，祈願先進不吝指教。

目次

前言

複合媒材是什麼？

複合媒材（Composite media），又稱為綜合媒材，即「兩種或兩種以上的事物結合在一起」。媒材為「美術上指表現的手法與其材料」，在視覺藝術領域中，是指一種混合運用多種不同質感素材的創作形式。例如：熱縮片、UV膠等，利用這些複合媒材創作出時尚感的頭飾造型。過程中應用不同材質技法及個人實際創作之過程與經驗，表現出成品的特色；透過創意，開發出新樣式的藝術商品，不僅達到永久保存與創新當代工藝，更讓飾品具有個人特色。

廣義的創作技術與媒材複合化，是以媒材複合為核心的視覺設計思想。複合媒材設計的發想、創作的意象以及複合媒材的選取搭配，才是創作的重點。台灣使用複合媒材於飾品的創作相當多，但因為許多消費者對於飾品的認知，仍是以精品珠寶價值配戴為主，使得台灣飾品的創作發展，仍需要持續爭取消費者對於創作價值的認同。

Part 1

中式
新娘

鳳凰為何如此特別？

百鳥之王

鳳凰在中國傳統文化中被認為是鳥中之王，五彩羽色美麗動人的鳳凰是一種巨型鳥，現實中未曾見過，但卻對牠有所崇拜景仰，人們認為牠能讓祥和降臨在這個世界上、帶來幸福，因此鳳凰可稱之為「百鳥之王」。

古代中國傳說中的瑞鳥是鳳凰，鳳凰和龍一樣極為複雜，鳳凰和龍都是漢民族的圖騰，龍成為帝王的象徵，是從秦漢開始，後宮帝后和妃嬪也開始稱鳳比鳳，雌雄不分的鳳凰形象，逐漸整體被「雌」化。

鳳凰神話的傳說廣為流傳，人們也有豐富的想像力、對牠不斷探索其形象和描繪，不同時代的文化藝術特點在鳳紋形象中呈現，充分表達人們心中追求的理想和意願。宮廷、民間的各種工藝美術品上，常常應用鳳鳥題材，作為祥瑞神聖的象徵；透過多姿多彩的鳳鳥紋樣，描繪出各式各樣富創造性的圖騰。而藝術家們，將藝術創作匯集於天下鳥類之美麗於一身的鳳凰，讓鳳凰形象更完美。鳳凰文飾圖騰，對於我們的生活所產生的影響力。鳳紋獨特的民族性和藝術魅力，在中國裝飾藝術史上，作為中華民族的文化象徵，當之無愧。

似鳳？非鳳？

鳳｜指雄性鳥。外型色彩會有五彩不同而繽紛，顏色呈現偏橘紅色的樣貌。到了成年的體型最完整，外型最為美麗。

凰｜指雌性鳥。鳳冠上具有差異性，造型上呈現鳳冠較小，甚至無鳳冠的方式。

雛鳳 ｜ 指幼年的鳳凰。在外型色彩並沒有像成年鳳凰一般呈現五彩繽紛的顏色，相較之下羽毛顏色偏向暗淡，較不鮮豔。

鷟鳳 ｜ 是成長中的鳳鳥。介於雛鳳和鳳凰之間；鳳冠與鳳墜也比成年鳳小了許多。

蒼鳳 ｜ 指年老的鳳凰。色彩偏灰暗，形象呈衰老，鳳嘴及長尾呈現殘破之樣貌。

夔鳳 ｜ 一種無意象的神奇動物。型態為蛇狀單足，例如「夔龍」。夔鳳是長條型單足、早期商周時代青銅器物上常見、用來作為裝飾鳳鳥造型的文飾。

玄鳥 ｜ 早期稱鳳凰為玄鳥。源自《詩經》：「天命玄鳥，降而生商」典故，所以傳說商契的母親吞下玄鳥的蛋才生下商契，而契就是商的先祖。

朱雀 ｜ 為四靈鳥之一，古代神話傳說中的南方之神鳥，五行屬火。秦漢之際，朱雀總是被刻在墓門上做為守護，將朱雀之紋飾刻於瓦當上做為裝飾，有驅災避邪的功用。

青鸞 ｜ 古人認為的五彩，一般分青色、黃色、赤色、白色、黑色五種顏色。而青鸞身上具有這五彩，而以青色為主。

紫鳳 ｜ 其造型上呈現出五彩，而以紫色為主。體型上略比鳳凰小，是象徵和平吉祥意涵的聖獸。

黃鳳 ｜ 源自《莊子》「發於南海兒飛於北海」。形體呈現五彩顏色而偏向黃色的羽毛鳳鳥。

白鵠 ｜ 外型呈現渾身純淨潔白，即天鵝。體型略小於鳳凰，被古人誤認作「白鳳」，是高貴、聖潔，和平的象徵。

天雞 ｜ 古代時期鳳凰的稱呼。

丹鳳 ｜ 「丹」也像紅，丹鳳是鳳凰的一種美稱。故有興盛、繁茂之意，感受是具有南方風格的色彩。

雁鳳 ｜ 具五彩繽紛的形體造型，羽毛偏向部分黑色，又稱為「黑鳳」。

鳳冠是什麼？

從文獻來認識鳳冠

鳳冠在教育部國語辭典簡編本的釋義為：「古代后妃所戴的冠飾，舊時亦借指平民新娘戴的禮帽」。另在漢語辭典中的詳細釋義為：「古代貴族婦女所戴的禮帽，上有金玉製成鳳凰形的裝飾」。而在百科的解釋為：「古代皇帝后妃的冠飾，其上飾有鳳凰樣珠寶。明朝鳳冠是皇后受封、謁廟、朝會時戴用的禮冠，其形制承宋之制而又加以發展和完善，因之更顯雍容華貴之美。明清時一般女子盛飾所用彩冠也叫鳳冠，多用於婚禮時」。

鳳冠，也稱為鳳型冠飾，在鳳冠上裝飾有類似像鳳凰樣的珠寶，是上古代時期最令人女性嚮往以及廣為周知的冠飾，也象徵著極大的榮耀。流傳秦朝時期，皇帝後宮妃子開始使用鳳釵裝飾，從唐朝以後，演變成龍代表男性的象徵，而鳳則代表著女性的象徵，尤其在頭飾上鳳的裝飾，象徵著尊貴的女性地位。

漢代時期後漢書志第三十：輿服下：

太皇太后、皇太后入廟服，紺上皁下，蠶，青上縹下，皆深衣制，隱領袖緣以條。翦氂蔮，簪珥。珥，耳璫垂珠也。簪以玳瑁為擿，長一尺，端為華勝，上為鳳皇爵，以翡翠為毛羽，下有白珠，垂黃金鑷。左右一橫簪之，以安蔮結。諸簪珥皆同制，其擿有等級焉。

可以由後漢書志看出太皇太后、皇太后出席重大祭祀活動所穿戴的首飾以及禮冠也有鳳的圖像，用以顯示尊貴及對祭祀活動的重視，因此在漢代祭祀活動，太皇太后、皇太后開始戴鳳冠。高春明、周汛（1996）介紹說明：

以鳳凰飾首的鳳冠，早在漢代尸經形成，漢制太皇太后、皇太后、皇后大廟行禮，頭上首飾即有鳳凰。其制歷代多有變革，至宋代被正式定為禮服，並列入冠服制度。

但在後漢書內，並無規定貴族在重大慶典或正式場合的戴冠規定，可以看出在漢朝未有相關規定，女性貴族必須在重要或正式場合戴冠。吳豔榮（2020）指出晉王嘉《拾遺記》中記載「使翔鳳調玉以付工人，為倒龍之佩；縈金，為鳳冠之釵，……鑄金釵像鳳皇之冠。」說明最早正名鳳冠的文獻資料，並且常見鳳冠出現於唐朝出土的古物。直到在宋史輿服志有記載：「皇后首飾花一十二株，小花如大花之數，並兩博鬢。寇飾以九龍四鳳。」才有女性貴族開始戴冠的規定，而金朝仿造宋朝禮制也有九龍四鳳冠。明朝與清朝更明確規定，後宮妃子以及朝廷命婦，在重要典禮上必須要穿戴鳳冠，而在明朝與清朝時期慢慢打破服飾以及禮儀制度，平民女性在出嫁或入殮之時，皆可借用鳳冠的尊貴象徵穿戴鳳冠。上述研究在明朝與清朝文獻中明確規定，後宮妃子以及朝廷命婦，在重要典禮上必須要穿戴鳳冠。而研究

發現，古代時期的宮廷，常以崇拜神物鳳凰圖騰作為題材。自漢朝先由太皇太后、皇太后開始穿戴鳳冠，接著在宋朝女性貴族開始可以穿戴鳳冠，到明清開始擴及到平民百姓可以穿戴。

依據上述文獻資料，學者與考古學家大多認為鳳冠的形成與動物有相關連結，龍與鳳凰在古代時期，還是非常的朦朧，並帶著些許神祕，是一種富想像空間的神化動物，鳳凰的鳳紋是沒有形體的真實象徵，只是世人給藝術家想像的創造物。說明了古時代的人神化了鳳凰鳥，所以很多紋飾造型，往往被雕琢成為玉飾，隨身佩戴或刻繪在日常生活用品器物上，以及服飾織繡表現等方面，作為祈求吉祥幸福的依據。在古代鳳凰的出現，代表著一種吉祥的徵兆也有好運的到來，預示著國泰民安太平盛世的到來，所以人們很崇拜與喜愛，鳳凰紋飾也是皇宮貴族所會使用的圖像。宮廷裡上至太皇太后下至嬪妃等服裝飾品上，都會有鳳凰的圖紋，也是最具中國特色的紋飾圖騰之一。

鳳凰融合各個時代所崇拜的圖騰，發展出一種涵蓋多元的社會與物質生活的鳳凰文化。中國原始彩陶文化在六、十千年前就有鳳的雛形意

象，在商代青銅器上也有出現鳳紋，至今亦有三千五百多年。在許多出土的裝置藝術或藝術珍品古文物中常可見有鳳凰的圖騰創作，使得從古至今的演化，使得鳳不再是最高權力或政治地位的象徵，而是一種文化。

影視劇中所看到的鳳冠，則是後人根據文物所設計出來的，與歷史有一些出入。若想深入認識真實歷史上的鳳冠，則需要透過出土文物去瞭解。

鳳冠造型的獨特性

明朝為中央集權制封建王朝，統治者為漢族。鳳冠的造型很大程度上，是由於明朝漢民族統治者推翻少數民族統治，而恢復漢民族傳統，繼承宋代冠服制度而成，再在宋朝舊制的規定上加以創新。

可佩帶性是鳳冠在其封建社會中一個必要條件，作為在受封、謁廟、朝會時身分等級的體現，必須具有大視覺的展示效果。

美麗的祕密：金工工藝轉換複合媒材

故根據台灣地區文化與風俗，以各式禮服結合鳳冠為出發點，讓每一個鳳冠造型，有不同的想像空間，給予不同造型鳳冠不同的寓意。作品以四種不同質感素材，結合多項附屬的複合媒材搭配，應用不同材質技法及個人實際創作之過程與經驗，表現出鳳冠與服裝的特色與發展，創新加值開發新樣式藝術商品，並達到永久保存與創新當代工藝，讓每一位準新娘也能製作自己的鳳冠。

本創作以中國傳統吉祥物「鳳凰」進行創作運用，以「絨花」、「金銅片」、「紙板纏花」、「金片點翠」等複合媒材進行創作。所使用的材料與工具如下：

1. 絨花（或稱毛根）｜製作絨花作品，素材基本材料之一。

2. 金銅片｜製作金銅片羽仿點翠作品基本材料之一。

3. 紙板｜製作作品材料之一。

4. 金屬絲線｜固定飾品與固定作品。

5. 珍珠｜分大、小尺寸，裝飾用，可增加作品的美觀。

6. 水鑽｜分大、小尺寸及各種色彩，裝飾用，可增加作品的美觀。

7. **鐵絲**｜作品基本底部架構使用。

8. **網紗（珍珠紗）**｜各種顏色，作品布面使用。

9. **繡緞帶**｜增加布面花紋，增加作品豐富度。

10. **南寶樹脂**｜與紗布結合後，使布具有硬度而不易變形。

11. **熱熔膠槍**｜需搭配熱熔膠條使用。本創作使用黏貼手法，所以需使用熱熔槍，將水鑽與飾品黏貼塑型。

12. **熱熔膠條**｜搭配熱熔槍使用。

13. **剪刀**｜用於剪布與修整紙片。

14. **鑷子**｜夾取小飾品使用。

15. **鉗子**｜裁切鐵絲與將鐵絲塑型使用。

16. **指甲油**｜（愛護動物羽毛）以指甲油顏色代替羽毛。

17. **UV膠**｜可讓作品增加亮度與硬化度，使作品容易保存。

18. **丸棒**｜不鏽鋼丸棒工具，作為微調形狀用。

> 鳳冠上的鳳凰，常以翠鳥的羽毛來代表，此工藝名為「點翠」。
> 現今翠鳥被列為保育動物，因此這種工藝已被禁止使用。

鏡花鳳舞

◆

「鏡花鳳舞」新娘鳳冠，彙整梳理技巧及創作理念，將鳳凰意象圖騰，應用於原創點翠造型，依傳統圖騰的象徵，作創新發想及應用，以草圖設計製作具有現代感的商品造型。以絨花本身輕盈豐富的造型為主，加上金屬與其他材質的運用為輔，創造出精美的多樣化商品。

作品運用鳳凰跳躍線條，使其絨花造型呈現出完美比例；運用S型線條，使其造型以花與鳳凰的視覺呈現出美感。應用於本創作設計，以不對稱和嚴謹的造型個性，充滿復古高貴的氛圍。由服裝延伸到冠的造型與美感飛翔變幻，營造鳳冠的個性充滿獨特復古高貴的情懷。

◆

怎麼做出來呢？

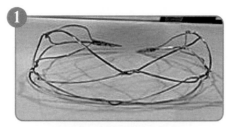

將鐵絲扭轉出雛形打底，
作為鳳冠底座支架。

先將白色絨花條完整纏繞鐵
絲，當鳳冠的底色。

依據構想與成品尺寸，修剪絨
花形狀，並逐一摺出小元件。

將絨花元件組合成型。

將絨花元件一一組合至鳳冠底座。

「鏡花鳳舞」組合完成。

╭─── TIPS ───╮

1.

本創作造型前，先以絨絲纏繞鐵絲，再於兩側接頂部點與
黃金點處作基底，其主要功能是支撐主題鳳冠的位置。

2.

基座位於中間線上，開始堆疊設計的圖案在頂點部以及兩
旁裝置，再將絨線摺出型、分成數區裝置固定形狀，做出
弧形線條讓整體氛圍自然。

走在時代尖端的 **創意髮飾** 中式新娘與日本花魁的 嶄新風貌

鳳鳴朝陽

———————————— ◆ ————————————

「鳳鳴朝陽」新娘鳳冠，套用鳳凰團繞型為架構，運用意象圖紋線條，使其鳳冠造型呈現出完美比例，具有環繞的視覺呈現圓形原理；應用於本創作設計，以對稱和嚴謹的造型原則，由服裝延伸到冠的造型與意象圖紋變幻營造鳳冠的個性充滿獨特復古高貴的情懷。

本創作帶進了傳統的金銅片，其作法各種不同之彩繪，將金銅片與指甲油結合，使金銅片得以仿點翠，給予作品不同樣式。此外，作品將得以長期保存並不易損壞，也不會造成身體上的過敏，而這就是創作金銅片材質的最大優點。

———————————— ◆ ————————————

先選已經製作完成之金銅片，
將其分類組合。

底部單片組合成冠底。

單朵花組合完成。

側邊流蘇組合完成。

鳳冠前部組合完成。

「鳳鳴朝陽」組合完成。

走在時代尖端的 創意髮飾
中式新娘與 日本花魁的 嶄新風貌

1.

本創作造型前先以銅片圈在於頂部點與黃金點處作基底，
其主要功能支撐主題鳳冠的位置。

2.

基座位於中間線上，開始堆疊設計的圖案在頂點部以及兩
旁裝置，再將金銅片分成數區裝置固定，應用銅片圈的形
狀做出弧形線條讓整體氛圍自然。

鳳凰于飛

◆

「鳳凰于飛」新娘鳳冠，運用花與鳳凰線條造型以反覆、重疊視覺呈現美的形式原理。使用UV膠清透的材質特性與材質，自身的顯色透明光澤與其他相異材質間搭配而產生的層次豐富作品的內涵與氣韻。

作品運用鳳凰孤天飛翔線條，使其造型呈現出完美比例；應用於本創作設計，以對稱和嚴謹的造型變化，營造新娘的個性，充滿復古高貴的氛圍。由服裝延伸到冠的造型與美感飛翔變幻，營造鳳冠的個性充滿獨特復古高貴的情懷。

◆

怎麼做出來呢？

選擇不同需求的金銅片。

將金銅片分開組合。

部分組合後再總組合鳳冠形體。

將部分金銅片上指甲油
等待乾後使用。

將金銅片與指甲油片組合。

「鳳凰于飛」組合完成。

1.

本創作造型前先以銅片做冠底在於頂部點與黃金點處作基底，其主要功能支撐主題鳳冠的位置。

2.

基座位於中間線上，開始堆疊設計的圖案在頂點部以及兩旁裝置，再將仿點翠銅片分成數區裝置固定，應用的形狀做出圓形線條讓整體氛圍自然。

整體造型

走在時代尖端的 **創意髮飾** 中式新娘與
日本花魁的 嶄新風貌

百鳥朝鳳

「百鳥朝鳳」新娘鳳冠，以紙板構圖並將絲線纏繞，運用不同紙板形狀與五彩絲線來呈現作品。作品運用鳳凰環繞飛翔線條，使其鳳冠造型重疊視覺，呈現美的形式原理與完美比例；應用於本創作設計，以對稱和諧的造型為理念。由服裝延伸到鳳冠的造型與美感環繞變幻，營造鳳冠的個性充滿獨特高貴的情懷。

怎麼做出來呢？

將纏花需要材料準備待用。

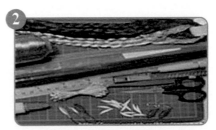

將纏花需要圖案畫好，
並修剪下來。

將絲線纏繞在紙片上成型。

——將單片元件，
組合成需要的形狀。

單片組合完成後，
再與鳳冠總組合。

「百鳥朝鳳」組合完成。

走在時代尖端的 **創意髮飾**
中式新娘與
日本花魁的 嶄新風貌

1.

本創作造型前先以銅片製作冠圈，再於頂部點與黃金點處作基底，其主要功能支撐主題鳳冠的位置。

2.

基座位於中間線，開始纏花堆疊設計的圖案在前部以及兩旁裝置，再將纏花分成數區裝置固定，應用銅片形狀做出弧形線條，讓整體氛圍自然。

3.

基座用銅片一片一片由鐵絲固定，再以絲線與鐵絲區分兩旁固定，可讓紅色流蘇作為其他運用。

走在時代尖端的 **創意髮飾** 中式新娘與日本花魁的嶄新風貌

走在時代尖端的 **創意髮飾**

中式新娘與
日本花魁的 嶄新風貌

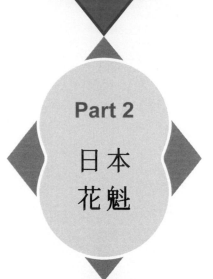

Part 2

日本花魁

花魁的祕辛

吉原遊女與花魁

吉原，是日本江戶時代公開允許的妓院集中地，位於現今東京都台東區，1617年江戶幕府開設不久，幕府公認的吉原妓院就此誕生。一般吉原的建築格局，前面是茶屋，大道兩邊是大店，巷子裡是小店。大店具社交作用，大名和文化人常常在這交際。因吉原地處江戶城北面，所以也有「北國」的異名。當時稱這樣的風化場所為「遊廓」，而在這地方以身體來換取生存的女子則稱為「遊女」。這個稱呼最早可以追溯到平安年代，因為這些女子行蹤不定，便被稱為「遊女」。

權力在吉原遊廓一點都不適用，遊女重視的條件有三：氣魄、粹、金錢。沒錢當然不能遊吉原，有錢卻也不見得能使吉原鬼推磨，金錢排在最後，這也是吉原遊廓的魅力之一。「粹」（iki，su），是指通達人情、熟諳事務、思想開明、風流儒雅，要達到「粹」這個地步，必須一步一步來，循序漸進，最後才能得以登堂入室。

以寶曆‧明和年間（西元1751~1772年）做為劃分，在此之前遊廓中的最高位遊女稱作「太夫」，在此時間點之後的最高位遊女則稱為「花魁」；那些高位的太夫或花魁，身穿華麗衣裳、集專寵於一身，雖是遊走於風塵，但卻也是世間女性的憧憬。

花魁這稱呼怎麼來？據傳是源於18世紀時，吉原的遊女們稱呼比自己輩分高的遊女為「姊姊」，後來逐漸演變成用來稱呼地位較高的遊女之專稱。而「姊姊」此稱呼，則是來自於「我們這裡的姊姊（おいらの所の　さん）」一語的簡稱。

走在時代尖端的**創意髮飾**
中式新娘與
日本花魁的嶄新風貌

怎麼見花魁？

江戶時代有句俗話，「遊廓一日，千兩盡失」。古時候的千兩，那可是不得了的一大筆錢。和遊女玩需要那麼多的錢，一般庶民絕對承受不起。能和花魁玩耍的更是豪中豪，一般人想見花魁是很困難的。吉原每年都會在一個特定的日子舉行花魁遊街（正月或8月1日），如果有人在遊街時看上花魁，必須先通過「揚屋（ageya）」審核。揚屋類似現代日式旅館，提供飲食、住宿。進了揚屋，先撒下重金設宴，叫一批男女藝人，醉舞狂歡輕鬆一下。之後老闆娘會來打招呼，不動聲色地打探出遊客身分，盤算適合可以叫哪家妓院的花魁，再寫一張「揚屋差紙」，請指名的花魁前來。

街道指名通知的花魁，妝扮完畢後，從妓院出發到揚屋這段路程，正是「花魁道中」。既然是最高級的遊女出巡，排場自然不能隨便。花魁走在最中央，身邊有一對童婢，是花魁未來的接班人；花魁前面是「振袖新造」，是未來的花魁候補，年齡比童婢大；後面是「番頭新造」，是已經退休的妓女，專門照料花魁身邊的瑣事；再來是幾個小伙子，最前面提燈帶路，舉長傘殿後；還有揚屋派來的人、妓院保鑣等一行人，聲勢浩浩蕩蕩。

身為主角的花魁，必須穿上華麗的和服，外披如新娘嫁衣的打掛（うちかけ），梳著著名的「伊達兵庫」的髮型，頭上插滿各式各樣的髮簪，踩著高聳厚重的三枚齒下駄，踏著搖曳生姿的「花魁步」，腳下畫著8字前進。這段路程也帶有向遊人介紹新花魁的宣傳意味，說它是吉原遊女的花街大遊行也不為過。

想要抱得花魁歸，最少要見三次面。

初次見面，叫做「初會」。花魁上座，客人下座，在揚屋遠遠地互相觀望，客人要自己發揮自己全部才華與魅力，來贏得花魁的青睞，儘管他為了這一次見面，早已花費巨資。花魁如果對他的表現不滿，依然會毫不猶豫地離開。

第二次見面是「裏」，兩人距離拉近了一些，或許可以小酌一番，客人更要絞盡腦汁，討她歡心。但花魁依然不會立刻做出決定。

如果男子受到花魁青睞，才有可能發生第三次見面。在第三次見面時，客人就會成為「馴染（なじみ）」，也就是熟客。花魁會準備一根寫有客人名字的筷子贈予他，這便是兩人交往的證明。確定獲得花魁青睞後，遊客陪花魁回到妓院，宴請花魁身邊的隨從以及妓院相關人員。並花費鉅額「馴染金（なじみきん）」，酒醉飯飽後，才能進入花魁閨房，得到花魁服務。第二天，花魁陪遊客入浴，款待早餐後，再送遊客到大門。

這三次的見面就如同相親、下聘、結婚，不過關係相當不對等。

一夜情之後，遊客不能另結新歡，只能專情花魁一人。否則，輕則花錢消災，重則受遊女屋一頓痛打，趕出吉原。花魁卻可以同時擁有多名熟客，遊戲其間。有時如果花魁沒空接見，客人將由被稱為「名代」的見習遊女接待。而要見花魁所要花費的錢財，卻是一分也不能少。

迷上花魁不只揚屋費，初夜寢具費、添置大小家具，連貼身童婢、見習花魁也要照顧得當。

遊女的等級與背景

據說，吉原在遊女分類最細的時期，共有十種以上的階級，雖然眾說紛紜，但能被稱為花魁的遊女大致上還是可分成「呼出し（よびだし）」、「　三（ちゅうさん）」、「付回し（つけまわし）」，根據容貌和教養等級來區分。比花魁再次一等的是，擁有專用房間與接待客人包廂二間的「座敷持（ざしきもち）」，接著是擁有專用房間的「部屋持（へやもち）」，從花魁候補振袖新造被降格的留袖新造也包含在內。

垂髫 （禿； かむろ）		跟在花魁身邊服侍的少女，是十歲左右的小女孩，在花魁身側隨時待命，並從年幼時開始訓練遊女應有的技藝及行為舉止。
新造 （しんぞう）		比禿年紀大一些，可再細分為四種等級。
	番頭 新造	不太有吸引力的女孩，沒有成為花魁的資質或是年紀太老的遊女。負責照顧花魁的起居。
	振袖 新造	15到16歲的花魁見習生，到了17歲之後，才會成為正式的遊女。通常不接客，在日後可成為花魁。她們在花魁的熟客時間重疊時，會代為出席，陪客人喝酒助興，但客人不能對她們出手。
	留袖 新造	與振袖新造年齡相仿，會接客，但沒有機會成為高階遊女。
	太鼓 新造	不提供性服務，用自己的才藝取悅客人，常在宴會場合展現自己的才華。

表 垂髫與新造

遊女中，從下往上分為「呼出し」、「座敷持」、「散茶」（さんちゃ）、「格子」、「太夫」等幾個階級。太夫和「格子」，一般等閒之輩玩不起，她們的後臺不是享富大名便是俸祿高的旗本武士，不然就是一些商場名士。

吉原遊廓的遊女，並非都是貧寒農家出身，有不少是京都公卿貴族門第公主，或是觸犯幕府而遭改易抄家的大名千金。吉原專屬的人口販子，終年在各地奔波，就是為了尋找天生麗質又出身高貴的女孩，送進吉原調教成太夫——也就是我們常說的「花魁」。

而花魁並非人人可當，其他中流的遊女不能參與花魁遊街，沐浴、用餐都在妓樓內解決，連梳頭也是將梳髮師請來妓樓進行，換句話說，她們幾乎沒有走出妓樓的機會。

才貌雙全的花魁

遊女通常自四、五歲開始，就在遊廓接受種種教育，詩書、琴畫、歌舞、茶藝等基本教養，與一般貴族門第女子不同之處，她們還必須接受衾枕歡娛技巧，其他舉止言談、應對、進退、一顰一笑更是必要的。她們使用的語言也很特別，發音、用詞自成一格，不使用一般口語，目的是為了統一來自各地的南腔北調。

江戶時代的歌舞妓與現代不同，他們除了賣藝還要接待客人。而花魁並不是依照遊女的等級一步一步往上爬，而是從被賣到遊廓中的沒落貴族的女兒或是民間的女孩中挑選，具有資質、長得極端美麗的，從小加以精心培訓。經歷了禿、振袖新造，才有機會成為花魁。

養成一名花魁要花上極高的成本，因為如此，花魁和其他等級的遊女不同，不會「張見室」等候客人。花魁兼具古典和圍棋等知性的教養，無論何種型態的客人，都能應付自如。對花魁著迷的男性，不僅只是被美貌所吸引，對知性的部分，也有著更深刻的迷戀。

花魁可以說是吉原最高極品，不僅美貌上乘，擁有吸引人的軀體，多才多藝，具有個性剛忍、聰明伶俐等特質。斥巨資也未必能培養出一個花魁，要有一個好苗子，從小以最高教育水準、請最好的老師將她培養成有教養、知書達禮、琴棋書畫樣樣精通的美人兒。因此，花魁也以自己的美貌才情作為武器，贏得眾人的愛慕與尊重。

花魁對客人的心理瞭若指掌，說出來的每句話，都能讓人醉生夢死。特別是在那個沒有電話的時代裡，主要是靠寫信，花魁一般在客人回去後4－5天，會寫一封思念的信給客人。在分離4－5天的時候，差不多是客人快忘記花魁，但還有記憶殘像的階段，這個時候收信效果最佳。花魁不僅能寫出生動的內容，字寫得更是漂亮，一點都不輸給平安時代的名筆。

花魁的造型

日本比較經典的花魁髮型是伊達兵庫（立兵庫），左右兩邊髮髻如扇子一樣盤起，從後面看像蝴蝶一樣，在額頭上方兩側各插入三支形狀有點像挖耳杓的玳瑁髮簪，一共六支；左右耳後各插入三支小的髮簪，當中兩支以珊瑚打造，三支由龜甲製成，一共十二支。另外還有髮櫛、長笄、玉簪等，這些都有才是最頂級的花魁造型。

日本的髮飾大多產於江戶時代，與我國相較歷史較短。日本的髮型分四部分，髮飾也分四種：櫛（くし）、笄（こうがい）、簪（かんざし）、布。裝飾部位都不相同。「櫛」是髮梳，插於前髮；「笄」是兩邊對稱長條裝飾，與櫛配對，分扁、方、圓頭；「布」紅白居多，用於固定；「簪」多為金銀龜甲製成，分一股、兩股、多股叉型，頭上多設計成挖耳杓，簪腳和挖耳間平的地方叫「鏡」，這裡可以添加裝飾。「簪」通常用兩側。

花魁VS藝妓比一比

花魁起源於江戶時代。一般的娼妓只能叫「女郎」、「遊女」，她們當中最高級別才能被稱作「花魁」。要從小培養並學習許多技藝，是次日本市井生活的一大特色。日本的藝妓世界一直是神祕的，一般人對藝妓的印象是一臉粉黛、櫻桃小口、濃妝豔抹。賣藝不賣身，靠才華取悅客人。

除了本質上的區別，外表上也有明顯的不同。

藝妓穿和服時，腰帶的結子是打在後面。而花魁的腰帶結子是打在前面。髮飾也大不相同，藝妓頭面都比較簡單，花魁的髮飾比較複雜而豔麗。整體來說藝妓－神聖典雅；花魁－性感魅惑。其實花魁等同於風月場所的紅牌，因此會打扮得比較豔麗。

花魁的妝與藝妓不同的是，白粉只打到臉周，而且眼妝較符合時下女性的畫法，掌握深邃甚至誇張的眼影，並抓住華麗、魅惑的感覺。

差異點	花魁	藝妓
學習	古典日文、書法、茶道、短歌、圍棋、箏、三味線、使用廓辭	三味線、花道、茶道
頭飾	真髮藏起,頭飾髮簪複雜而豔麗,極其誇張	頭髮梳得精緻、全是真髮、髮飾高貴素雅
妝容	白粉只打到臉周	白粉到脖子後頸部呈W型
服飾	華麗、色彩豔麗、大量裝飾、結子在前	樸素、頭面簡單、結子在後
總結	性工作者、社會地位高、性感魅惑	賣藝、一臉粉黛、櫻桃小口、濃妝豔抹、神聖典雅

表 花魁與藝妓差異

現代新花魁

落櫻繽紛

以熱縮片熱縮後縮小並增厚特性,製作成朵朵櫻花,
最具日本特色的花,春天的遐想,漫天繽紛飛雪,增
添花魁撫媚動人之姿。

美麗的祕密：熱縮片

熱縮片是什麼？

熱縮片是一種特殊的DIY滴膠材料，它的原料是一種神奇的薄片塑料膠片，遇熱會收縮。在熱風機吹製下，可快速縮小及塑形，同時厚度增加到原本的數倍。熱縮片DIY，一般被廣泛應用於各種首飾、配飾，以及滴膠手工藝品的手作用途上。

熱縮片具有多種顏色，較常使用的是半透明，經過打磨熱縮，具有磨砂效果。但因材質為滴膠塑膠片，成品容易碎裂，穿戴拿取時，也容易掉落，保存上比較不易。不過其上色工具廣泛，眼影、色鉛筆、粉彩筆等，都能使熱縮片變化出各種深淺、漸層的色彩，因此每個飾品都是獨一無二。

所需要的工具材料：半透明磨砂熱縮片、熱風槍、剪刀、打孔器、海綿墊（作造型用）、眼影、鉛筆、粉彩筆、小毛筆（上色用）、丸棒（作造型用）、鉗子，以及各種配件，如銅線、各種珠子、金屬花片、鑷子等等……

色鉛筆＋熱縮片是完美的組合，創作過程中紓壓且愉快，成果是實用又華麗可佩戴的飾品。

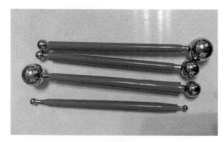

丸棒

熱風槍

怎麼做出來呢？

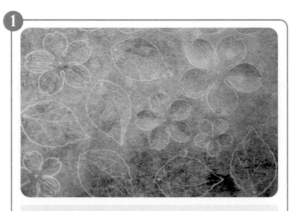

首先將要做的熱縮片圖案畫好，但需注意的是，因為熱縮片會收縮成四分之一到五分之一大小，所以須留意畫的圖案大小。

將熱縮片圖案剪下，並在霧面處畫上紋路。

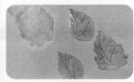

將剪下的熱縮片，翻至霧面，用粉彩筆塗上顏色並打孔。

4

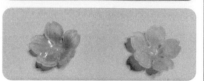

將熱縮片放在鐵盒蓋中，
使用熱風槍將熱縮片加熱，
此時熱縮片會開始捲起及縮小，
在這個時候可利用丸棒工具，
整出自己需要的形狀。

5

組合花瓣葉片，
並加上花芯。

6

將做好的花朵和葉片
元件組合於飾品上，
完成最終的髮飾。

特 性

熱縮片神奇之處，可以將任何圖案或形狀定製出來，作成平面或立體的熱縮飾品，作髮簪或耳飾都是精緻而且獨一無二。

走在時代尖端的 **創意髮飾**

中式新娘與日本花魁的嶄新風貌

富貴滿園

透過不同媒材的組合，結合傳統與現代，融入不同的
創作思維，賦予現代花魁新生命。以一種逆向思考的
模式，使用不同的技法，使作品軟中帶硬、硬中帶
軟、堅硬中有柔和的線條，柔軟中有堅挺的支撐。在
既衝突又相融中，激發剛柔並進的進行曲，更在絢麗
五彩的燈光下，使之成為眾所矚目的焦點。

美麗的祕密：絲襪花

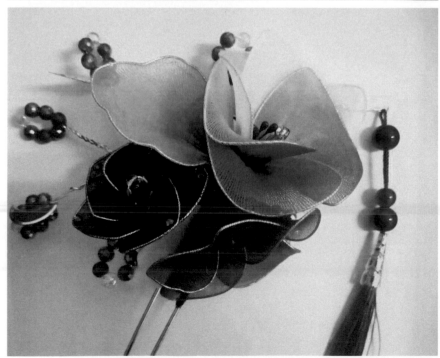

絲襪花是什麼？

絲襪花，最早源於日本，當地人稱為東籬花，由於製作絲襪花的基本材料是普通的絲襪，也被稱為「絲網花」。絲襪花經巧妙構思創作，逐漸風靡全日本，成為許多家庭主婦的新寵。

絲襪花簡單容易學、操作方便、成本低廉，看著一朵朵栩栩如生的絲襪花在自己手裡誕生，那種成就感溢於言表。絲襪花是一種新奇、時尚的扎花藝術，絲襪的彈性、網狀，結合鐵絲做成不同的花形，造型生動逼真，色彩鮮豔、歷久彌新。

而由於絲襪材質網狀容易破損，綁線或套上鐵絲時，都必須小心處理，以免絲襪破損，前功盡棄，破壞整體美感。可於作品完成時，在絲襪表面塗上一層亮光膠，既可讓絲襪表面光亮如新，也可以防止絲襪破損。

所需要的工具材料：各種顏色絲襪、套筒、白膠、鐵絲、花芯、QQ線、膠帶、化妝棉、仿珍珠等等……

怎麼做出來呢？

①

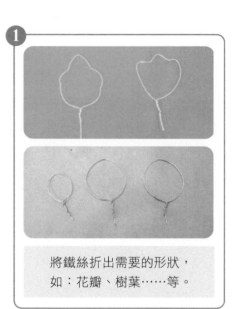

將鐵絲折出需要的形狀，
如：花瓣、樹葉……等。

②

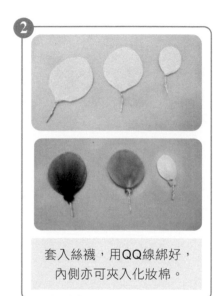

套入絲襪，用QQ線綁好，
內側亦可夾入化妝棉。

③

將花芯和花瓣組合後，纏上膠帶固定。

4

手工微調整花形，
並將花朵與葉片結合。

5

將絲襪花元件組合於
飾品，完成。

┌─────────── 特 性 ───────────┐

1. 絲襪花色彩豔麗，造型豐富。

2. 具有半透明特性，富有獨特的藝術表現力和感染力。

3. 製作簡單、容易掌控。

4. 具有極強的質感，花形逼真如鮮花，欣賞及裝飾效果極佳。

5. 不易褪色，歷久如新。

└───────────────────────────┘

走在時代尖端的**創意髮飾** 中式新娘與日本花魁的嶄新風貌

花團錦簇

指甲油耐候性優不變黃、多種色彩、選擇性多，由於鮮少以指甲油作為頭飾媒材，更顯出花魁獨樹一格的風貌。

美麗的祕密：指甲油花

指甲油花是什麼？

指甲油是用來修飾和增加指甲美觀的化妝品，它能在指甲表面形成一層耐摩擦的薄膜，起到保護、美化指甲的作用。普通指甲油的成分，一般由兩類組成，一類是固態成分，主要是色素、閃光物質等；一類是液體的溶劑成分，主要使用的有丙酮、乙酸乙酯、鄰苯二甲酸酯、甲醛等。色素的種類較多，有天然和人造二類，使用最廣泛的是人造色素，但是有許多人造色素是帶有毒性的，因此可能對人體危害。大家熟知的蘇丹紅就是一種致癌物質。

指甲油和鐵絲或銅線結合，利用指甲油的特性和色彩，變換出色彩繽紛、搖曳生姿、五彩絢爛的花朵，賞心悅目沉醉在輕柔浪漫的氛圍，作為花魁頭飾，別有一番滋味。

指甲油顏色多彩、選擇性高，可以讓髮飾增色且光亮。但須注意指甲油含有毒物質，塗抹時須注意通風良好，以免吸入過多有害物質。又因其黏度強，可廣泛應用。指甲油為凝膠物質，固化時需透光照，才能完全固化。亦能在指甲油表面塗上亮光膠，保持色彩的鮮豔及亮度。

所需要的工具材料：指甲油、UV膠、紫外線燈、鐵絲、亮粉、亮油、熱熔膠、花芯或鑽……等。

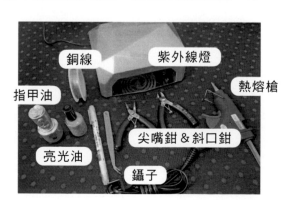

銅線　紫外線燈　熱熔槍　指甲油　尖嘴鉗＆斜口鉗　亮光油　鑷子

怎麼做出來呢？

1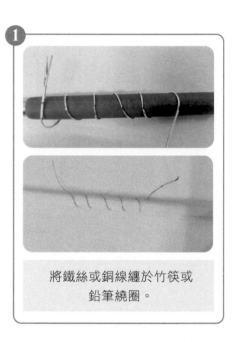

將鐵絲或銅線纏於竹筷或
鉛筆繞圈。

2

將鐵絲或銅線扭折出
花瓣形狀。

3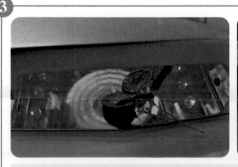

在花瓣上塗上指甲油及亮光油後，照紫外線燈，待乾後取出。

4

用熱熔膠黏合花芯。

5

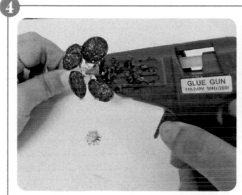

將指甲油花元件組合飾品，完成。

┌─────────── 特 性 ───────────┐

1. 固化快、反應可控制；無溶劑、無污染。

2. 黏接材料廣泛、黏接強度高，可結構黏接、應用面廣泛。

3. 光學性能優；膠液無色透明、固化後透光率>90%。

4. 耐候性優，不黃變。

5. 缺點是凝膠物必須一面透光，固化時需要設備才能完全固化。

└──────────────────────────────┘

走在時代尖端的**創意髮飾**　中式新娘與日本花魁的 嶄新風貌

姹紫嫣紅

--- ◆ ---

傳統的日式花簪，透過巧思以丸型、劍型變化，為花魁注入現代新活力。

--- ◆ ---

美麗的祕密：和風手捏花

和風手捏花是什麼？

和風手捏花是從江戶時代流傳下來的日本傳統文化之一。將正方形的布料如同摺紙一般，使用鑷子捏成形。手捏花素材中，以外表光澤美麗又堅固的綾羅綢緞最為有名，也是由日本人獨特的美感與技術所誕生的產物。

日本人常在新年、七五三節或是成年禮等場合穿著和服時，佩戴手捏花的髮簪或是腰帶裝飾。而因為手捏花精緻又漂亮、帶有古典氣息的造型，現在不只是搭配和服，許多創作人也會用手捏花製成耳環等日常飾品。手捏花這項工藝逐漸融入現代生活中，在設計上也著重與日常服裝相襯的風格。

手捏花製作時費時、耗工，需要非常有耐性，才能完成；可變化出各式的髮簪、髮梳、髮夾，細膩特別，深受年輕女性喜愛。

所需要的工具材料：日本花布、鑷子、白膠、熱熔膠、花芯……等。

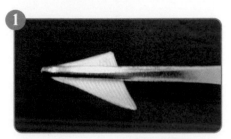

將正方形花布對摺再對摺。

用鑷子固定，同時調整形狀。

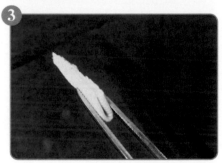

以剪刀剪去多餘的角後，
用膠水黏合。

將花瓣逐一黏合後，
黏上花芯。

組合花朵元件，黏貼於髮簪或髮梳上，
完成手捏花。

走在時代尖端的 創意髮飾 中式新娘與日本花魁的嶄新風貌

1. 劍形和丸形兩種基本形狀搭配組合，可創造各種花朵形狀。

2. 費工、耗時，製作時需很有耐性。

3. 最經典的手捏花就是髮飾造型，運用在傳統日式髮簪、髮梳、髮夾時，相當細膩特別，吸引眾人目光。

走在時代尖端的
創意髮飾
中式新娘與
日本花魁的
嶄新風貌

傳説擁有鳳冠便能母儀天下，而鳳冠除了象徵美好與幸福外，還代表著崇高、吉兆、瑞應，甚至寄託了仁、義、禮、智、美、信等高尚的女德。現今在婚禮過程中，也能持有一種特別的藝術感，婚禮嫁娶行為，從傳統轉為現代，古典婚禮現代配飾，不再是夢想。藉由藝術創作的過程，轉化為抽象造形藝術的能量，建構了現實以及對現實的一種記憶，透由新娘嫁娶以鳳冠裝飾，作為藝術對婚禮的頌讚。

隨著人類對美的追求與日俱增，不斷地求新求變，利用複合媒材創造不同的視覺效果，和突破傳統的思維，創造出獨一無二的作品，激發更多的創意，迸出創新火花，更藉由複合媒材的設計與運用，帶領潮流走在時代尖端。

有了現代花魁的髮飾設計，花魁髮飾不再是死板堅硬，而是富有生命力的創作藝術，讓現代花魁更為妖嬈、引人遐思。擁有出乎意料的效果，甚至猜不透是什麼材質做成，引發高度的關注。

熱縮片上色後，透過加熱後的可塑性，所創作出的作品，線條和空間的多變，形狀和立體感的組合，是其他媒材所不及，是非常好的創作材料。結合現代髮型，頓時成為鎂光燈下的焦點。

熱縮片、絲襪、指甲油，結合銅線、鐵絲，不同的線條交錯，營造立體與空間感，可薄、可厚、可剪、可堆疊，讓髮飾作品更具立體感，巧妙運用，剛柔並濟，實屬難得的創作媒材。

善用媒材特性與藝術結合，不但創新，更賦予作品新活力，讓人眼睛為之一亮。擺脫傳統印象，更能成為藝術饗宴。

釀生活39　PH0259

 走在時代尖端的創意髮飾：中式新娘
與日本花魁的嶄新風貌

作　　　者	林寶瓊、林玠瑜
整體造型	林寶瓊、林玠瑜
梳化攝影	林寶瓊、林玠瑜
責任編輯	姚芳慈、喬齊安
圖文排版	劉肇昇
封面設計	劉肇昇

出版策劃	釀出版
製作發行	秀威資訊科技股份有限公司
	114 臺北市內湖區瑞光路76巷65號1樓
	電話：+886-2-2796-3638　傳真：+886-2-2796-1377
	服務信箱：service@showwe.com.tw
	http://www.showwe.com.tw
郵政劃撥	19563868　戶名：秀威資訊科技股份有限公司
展售門市	國家書店【松江門市】
	104 臺北市中山區松江路209號1樓
	電話：+886-2-2518-0207　傳真：+886-2-2518-0778
網路訂購	秀威網路書店：http://www.bodbooks.com.tw
	國家網路書店：http://www.govbooks.com.tw
法律顧問	毛國樑　律師
總經銷	聯合發行股份有限公司
	231新北市新店區寶橋路235巷6弄6號4F
	電話：+886-2-2917-8022　傳真：+886-2-2915-6275

出版日期	2022年8月　BOD一版
定　　價	420元

國家圖書館出版品預行編目(CIP)資料

走在時代尖端的創意髮飾：中式新娘與日本花魁的
嶄新風貌 / 林寶瓊, 林玠瑜合著. -- 一版.
-- 臺北市：釀出版, 2022.08
面；　公分. -- (釀生活；39)
BOD版
ISBN 978-986-445-600-0(平裝)

1.CST: 髮飾

423.59   110021522